自然探秘记

你家小区有"鸟明星"吗？

钟嘉　袁屏 / 著

李小东 / 绘

SPM 南方传媒　新世纪出版社

·广州·

图书在版编目（CIP）数据

自然探秘记：你家小区有"鸟明星"吗？ ／钟嘉，袁屏著．李小
东绘．—广州：新世纪出版社，2023.5
ISBN 978-7-5583-2800-8

Ⅰ．①自… Ⅱ．①钟…②袁…③李… Ⅲ．①自然科学—少儿读物
Ⅳ．①N49

中国版本图书馆 CIP 数据核字（2021）第 023143 号

自然探秘记：你家小区有"鸟明星"吗？
ZIRAN TANMI JI：NIJIA XIAOQU YOU "NIAO MINGXING" MA？

出 版 人：陈少波
策划编辑：秦文剑
责任编辑：许祎玥
责任校对：庄淳楦　黄鸿生
责任技编：王　维
插　　画：李小东　梁　林
排版设计：张雪莲
封面设计：高豪勇
出版发行：新世纪出版社
　　　　　（广州市越秀区大沙头四马路 12 号 2 号楼）
经　　销：全国新华书店
印　　刷：广州一龙印刷有限公司
规　　格：787 mm×1092 mm
开　　本：16
印　　张：8
字　　数：100 千字
版　　次：2023 年 5 月第 1 版
印　　次：2023 年 5 月第 1 次印刷
定　　价：45.00 元

质量监督电话：020-83797655　　购书咨询电话：020-83781537

前言

　　城市是我们人类的聚居地，很多人生活在一起，工作在一起，娱乐在一起，互相往来，互相帮助。城市里有我们需要的一切：楼房、马路、广场、运动场……白天车来人往，夜晚灯光闪烁。城市里也有绿色，街道旁的树木，小区里的绿篱，一个个公园，花花草草，小湖池塘……就好比绿色岛屿，点缀在钢筋水泥的海洋之中。

　　如果稍加留意，你会发现城市绿地中也有野生动物，也有野花野草。它们在大厦林立的间隙中找到了自己的生存之地，与人类共处，甚至利用人类的创造，搭建自己的家园。我们一起来看看，它们是谁？过得可好？

钟嘉

人物介绍

我叫"小镜子"，不是因为我喜欢照镜子哦。我最亲密的伙伴是一副双筒望远镜，我一出门就"镜不离手，人镜合一"。我还有好多带"镜"的伙伴，比如数码相机、放大镜。这些"小镜子"，都是用来观察大自然的工具，你也想试试吗？

小妹阿问，好奇好问，我和镜子哥是好朋友。来吧，跟我们一起，先转转我们居住的城市吧！

目录

雪松

我们先去北京的天坛公园。这里是以前皇帝祭天的地方，现在是世界知名的古典建筑园林，每天都有成千上万的国内外游客。

镜子哥，天坛会有野生动物吗？

当然有！

大斑啄木鸟　啄木鸟与树木

黑色是小镜子　阿问，你见过啄木鸟吗？

见过呀，啄木鸟是"森林医生"，在树皮下捉虫吃。　绿色是阿问

还有呢？

啄木鸟会凿树洞做巢生养宝宝。

嗯。记得和鸟类保持距离，用望远镜能看清楚，就不要太接近它们！

镜子哥，那边地上有一只啄木鸟！它怎么在草地上"哚哚哚"？不是应该在树上吗？

先观察。咦，它飞到远处的一棵树下了，你望远镜对上了吗？它还是在"哚哚哚"。

看见了。它又回来了！……又回去了！

好奇怪呀，来来回回好几趟。再等等看——

它飞走了，我们过去看看！

先去近处的草地——哦，几个空了的松塔儿……你别着急跑啊！

镜子哥快来这棵树下，看！又黑又亮的老树根露出地面，坑凹处有一堆破碎的松子壳！

啊，原来，啄木鸟从松塔儿中啄出松子，衔到老树根上敲碎，吃松仁儿！

啄木鸟不是吃虫子的吗？怎么吃松仁儿？

书上说，北方的冬天，啄木鸟会吃油脂多的植物种子……

哦，我明白了！啄木鸟是利用坚硬的老树根来对付外表光滑的松子壳！

啄木鸟还会利用树木谈恋爱呢！

嗯？怎么利用？

那是4月，我听到林荫间传来"嗒嗒嗒"的一连串敲击声。

我知道，这是啄木鸟在"找对象"——它们不善于歌唱，所以用长嘴击打树木，发出一串串响亮的声音，显示自己的嘴有力量……

是啊，只要嘴好，不论凿洞还是取食，养家糊口的本领就大。

雄性大斑啄木鸟

但是你知道这"嗒嗒嗒"的声音是怎么发出的吗？

不是连击吗？嗯，好像连击不了这么快。

我举起望远镜循声而去，看见一只大斑啄木鸟，它的后脑勺是红色的，是个男生。它趴在横着的大树侧枝上，敲击一根竖着的光秃秃的短树枝……

啊？不是树干？

对啊，我也是第一次见，那"嗒嗒嗒"的颤声来自短树枝被猛击后的振动！

啊——原来啄木鸟会利用共振！

这时，右边另一棵大树上也来了一只大斑啄木鸟，它的后脑勺不是红色的，是女生。它也选了一根短树枝，一敲，声音"秃噜噜"的，很闷。换一根，这回"嗒嗒嗒"很响，它满意了。对面大树上那个啄木鸟男生发出一串击打声之后，女生紧跟着来了一串声音作为回应。男生等了一会儿，再一次敲击，女生听到后，紧跟着敲击……

哈哈！它们就这样谈恋爱的？

反正它俩各自守着眼前的短树枝，你击一声，我击一声。

后来呢？

我很快发现它俩节奏不同，男生总是等好一会儿才继续下一次敲击。女生急性子，不仅跟得紧，还会连续敲击两次。接下来的一个回合，男生很长时间没有回应，女生去旁边啄了点什么吃，再回到短树枝前——可是，男生飞走了。

呀，不耐心又不专心——我猜男生会这么想。再后来呢？

从很远的地方传来男生连续的击打声，女生却闷着，没有追过去。

哈哈，女生伤心了。

钟嘉／撰文

3

镜子哥，4月的北京还有什么有故事的鸟呢？

楼燕啊，走，去正阳门！听听它们聊天。

楼燕 此处留爷不留爷？

哥们儿、姐们儿，都回来了吗？

终于到了，整整两个月啊，从非洲飞回来。正阳门还给我们留着地方吗？

留着呢。可是，门楼里边多了一个摄像头，唉……

那是正阳门的管理部门安装的，说是为了随时监测我们的繁殖情况，保护我们不受伤害。

可惜好些伙伴不回来了。以前北京大部分大屋顶的楼宇，都是哥们儿、姐们儿的家。现在为了保护古建筑，防止鸟类进去筑巢，这些地方都拉上了防护网，大伙儿只能另觅新家。

没关系，它们去郊区了，都好着呢。首都机场三号航站楼一建成，我们楼燕就发现那里有可以做巢的地方，附近的草地上空，有比城里更多的昆虫，日子更好过了。

那些在颐和园的伙伴也过得还行，毕竟那里是公园，绿地湖面上空，飞虫都不少，不用愁吃的；亭子顶部的防护网保留了空隙，能让

我们进去筑巢。

前几天在飞回北京的路上，我们遇到一大群要去山西的伙伴，足有几百只，它们选择到应县木塔繁殖。

那可有点悬，应县木塔知名度太高了。它是现存历史最悠久的木结构塔式古建筑。要是为了保护它，拉上防护网，楼燕就得搬家。

是啊，保护古建筑对人类来说，也挺重要的，我们另找地方就是。

我在路上遇到的是一大帮去宁夏的伙伴，它们找的家是清真寺，附近的六盘山是国家级保护区。

大哥大姐们，你们谁知道，没有人类建筑的时候，我们楼燕在哪儿安家呢？

呵呵，爹妈都没告诉我们哦，北京正阳门至少600年了，谁知道没有北京这些城门楼的时候，我们楼燕的巢筑在哪里。

对呀，我们被北京人叫成楼燕儿，也是因为城门楼嘛。按说，我们的大名是雨燕。

北京雨燕？山西的、宁夏的和其他省区的该不同意了，还是应该叫楼燕，不管什么楼，清真寺、木塔，都是楼啊。

我们这一群叫北京雨燕也没问题啊，谁让我们对北京不离不弃呢。

不是有好些去顺义那边的机场了吗？

顺义也属于北京呀。其实，城里越来越不适合我们生活了。人类怕虫子，总是要搞消杀。杀虫剂没直接害死我们，但会让我们饿死。要是飞虫少了甚至没了，我们早晚还是要去乡下。

所以，以后我们都去郊区，改名叫郊燕儿吧，哈哈。

就是，郊区现在各种建筑也不少，总有做巢的地方，食物还多。

我还是想考据一下，没有人类的时候我们楼燕在哪儿筑巢。路上遇到的哥们儿说，它们那边有贺兰山，山里的岩壁上，净是白腰雨燕的家；那里并没有高楼，楼燕只在山外旷野活动。

不是非要高楼啊。我们楼燕的飞行能力特别强，一生中基本不落地，只在繁殖的时候找个巢洞，把蛋生出来就行了。所以，只要空中有飞虫能喂饱孩子，我们都能就近找到巢洞。虽然城里看到的楼燕都是在利用人类建筑，但我们的历史比人类长太多了，与其他雨燕瓜分巢区的历史由来已久。是我们楼燕更适应环境的变化，当机立断利用人类的建筑，与人类共处。

如果人类的城市对我们不再友好，此处不留爷，自有留爷处，我们楼燕总能找到住所的，谁怕谁！

对！到那时，"楼燕"就是历史了。像正阳门这样对我们的保护措施，只能是聊补一点念想了吧。

我们几个还是先守着正阳门吧，这也算理解老北京人儿的一片好心。

钟嘉、袁屏／撰文

阿问，北京故事暂且打住，
咱们上南京去吧。
好咧，去南京看什么？
还是看鸟！

银喉长尾山雀 路边的娃娃不要捡

到了，南京图书馆东门，一排雪松树，看看你能发现什么秘密！

什么也没有啊！

你用望远镜仔细搜一遍看看！

哦，有一只小鸟落在雪松树上，是银喉长尾山雀！

注意看，它的嘴里还叼着一条小青虫。

原来这棵雪松树上藏着一个鸟巢啊，小鸟张大着嘴巴了。

我终于明白雏鸟的嘴巴为啥都是黄色的了。

对呀，鸟爸鸟妈飞过来，黄颜色的嘴巴醒目啊，鸟爸鸟妈一眼就看到了，方便它们喂虫子。

鸟爸鸟妈长得一模一样。它们在这么热闹的地方搭巢，必须得非常隐蔽才行啊，银喉长尾山雀可真能干！

可是最危险的地方也是最安全的啊，在这人来人往的地方，能借助人类的力量躲避天敌，它们太聪明了！

听说银喉长尾山雀的巢是用苔藓、植物纤维、树皮、蜘蛛网等搭建的。这么小的鸟，搭这么大的一个巢，那得搭多久啊？

2月的时候，银喉长尾山雀就开始到处找材料搭巢了，它们忙忙碌碌，叼着材料到处飞来飞去，真想不到它们居然把巢搭在图书馆的大门口。

这些小鸟哪天出巢觅食？

还早着呢，它们得先靠鸟爸鸟妈的投喂。你看，鸟爸鸟妈每次从外面叼虫子回来时，都不是直接飞回巢里，而是先落在旁边的树上，再绕到另外一棵树上，最后才飞过去喂宝宝。它们真是够小心谨慎的，怕被跟踪！

嗯，过两天再来看！

……

今天没见到亲鸟飞过来喂宝宝啊，那个巢里也没看见伸出来的小鸟嘴巴，是不是它们已经出巢了？咱们去附近找找。

哎，快看，那边地上有个小不点，就是银喉长尾山雀的小娃娃吧！

看它嘴边还是黄色的呢，"黄口小儿"，说的就是没有长大的小娃娃啊。

它怎么孤零零地站那儿呢，和亲鸟走散了？好可怜，也很危险啊，要不我们把它带回家？

千万不要乱捡人家的娃娃，这会儿正是小鸟学飞的时候，亲鸟没准正在哪儿看着呢。不信，我们站远点看看！

听，好像是银喉长尾山雀的叫声，小鸟往叫声传来的地方飞去了，在那边的树杈上，哈哈，果然，亲鸟来带娃娃了。

每年春天，都有很多好心人把学飞的小鸟当作"失散儿童"捡回家，哪里知道人家亲鸟就是遛个娃，娃却被"拐"跑了，丢娃的亲鸟该多着急啊。人类再有善良的心，也没法像亲鸟那样教会小鸟野外生存的本领，所以……

我知道了！如果发现有落地的雏鸟，我们应该先找找附近有没有鸟巢，如果有，可以送回去；或者躲起来观察亲鸟在不在附近，这样就不会好心办坏事了！

对！路边的鸟娃不要捡！每年南京红山动物园的野生动物救助中心都会收到好心市民送过去的小猫头鹰，这种好心可能会害得人家母子离散！

猫头鹰的娃娃还得跟爸妈学捕猎呢，人类可教不了小猫头鹰这个本事。

所以啊，人类养大的小鸟，很难再回到野外去独立生存！

不要随便捡拾落地的鸟娃，这点一定要广而告之！

袁屏／撰文

下一站，我小镜子要去北戴河海滨。那里有许多园林宾馆，暑期旅游旺季时客人熙熙攘攘，而 5 月上旬是观鸟的好季节，不能错过。

刺猬

相遇在宾馆大院

棕色是
本篇物种

春天就是好啊，宾馆院子里的小草、灌木都绿了，藤萝开出淡紫色的花朵……

咦，你是谁？我看见你躲进灌丛了。

哼，你没在图画书上看过刺猬吗？身上好多刺，扎了好些枣那种。我背上没有枣，你就认不出我了？其实刺猬是不会用身上的刺扎果子的，你们都被误导了！

哪里哪里，我认得你，我有望远镜啊，从灌丛缝里能看见你的小尖嘴和小豆眼，好可爱！我在乡下见过小刺猬。那次，天黑之后我看见个小家伙从农田间跑过，大人们停车抓了它带回家。我们将小刺猬放进纸箱，并给它准备了甜瓜和一点羊肉。纸箱就放在卫生间的空地上，可早上我们一开卫生间的门，小刺猬"噌"的一声，从门缝溜走了——原来夜里小刺猬把纸箱角咬了一个洞！

给我兄弟点赞，跑得好！你离我远点，别再惦记着抓我了！

可我还没看清楚你全身呢。上一次见刺猬是在北京颐和园，也是 5 月的春天。你们总是悄悄地活动，想见一面也难。这会儿你打算钻到哪里去？

嘘——在城市、公园、大院里，有树木灌丛的地方。只要有吃的，不论荤素，我们都能生存下来，白天藏着，夜里就出来找吃的。

嗯，我知道，这旁边有个餐厅，有人吃的东西就有野生动物能吃的。我朋友在北京的大院里也见过刺猬。大院里有小花园和两个餐厅，有时还能遇见黄鼠狼。

你别误会，我们可不吃人类的残羹冷饭，人们没打扫干净的东西喂肥了虫子，我们冲虫子而来。黄鼠狼嘛，它们瞄准的是偷吃人类食物的老鼠，我们也得防着黄鼠狼。不说了，我躲……

哈哈，钻哪里去了？我听见你的动静了，你在灌丛后面顺着墙根儿爬，那些枯树叶的声音暴露了你的位置。

呦，倒霉，让你听见了，怎么办？我、我有保护色，我能钻，还能蜷缩起来！

沟里这张破报纸自己怎么会动？你一定在下面。让我掀开看看——啊，一个刺球！

别碰我！要与野生动物保持距离，懂吗？

懂，懂！你们在大自然中经过亿万年进化，自有对付阴晴雨雪的办法，练就了抵抗天敌和与细菌、病毒共处的本事。可我们离自然越来越远，自己也变得越来越娇气，动不动就生病，所以我们必须远离野生动物！

懂就好，你快走吧。

好的，我就给你拍张照，发给阿问小妹看看，也留个纪念。希望你在这里生活得好，再见！

钟嘉／撰文

【特别提示】

中国北方常见的刺猬种类学名为"欧洲刺猬"，分布于亚洲北部和欧洲，在长江流域的分布也很广。这种刺猬冬眠时能睡 5 个月。刺猬体形肥矮，爪锐利，眼小，毛短，浑身有短而密的刺。刺猬在夜间活动，以昆虫和蠕虫为主要食物，也吃幼鸟、鸟蛋、蛙、蜥蜴、蘑菇、草根等。遇敌害时刺猬能将身体蜷曲成球状，将刺朝外，保护自己。

阿问，种瓜得瓜，种豆得豆，可是"种柠檬得蝴蝶"的事情，你听说过没有？啊？讲给我听听！

玉带凤蝶

花盆里"种"出来的蝴蝶

5月，南京，我家阳台飞来了一只玉带凤蝶。它在各种盆栽植物前停留一下，最后绕着柠檬树不停地转圈。这棵树是由去年丢在花盆里的一粒柠檬种子长出来的，叶子有很好闻的味道。

它喜欢柠檬叶子的香气？

突然，这只玉带凤蝶对着叶子翘起了屁股。等玉带凤蝶飞走了，我赶紧去察看。只见树尖最嫩的小叶子上，有一粒黄色的、像油菜籽那么大的卵。再细心看看，左左右右、上上下下，我居然数到了十几粒。

哦，不知道什么时候，它已经飞来产了很多卵了呀。

过了几天，黄色的卵变黑了。一天早上起来，我就见到几个小得几乎都看不见的小黑点。

是玉带凤蝶的卵孵化出来了？它不需要像鸟爸妈一样孵蛋？

柠檬树上的玉带凤蝶

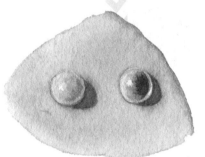

黄色的卵和变黑的卵

初龄幼虫

变成"鸟粪"一样的颜色

变成绿色的"大头娃娃"

嗯，蝶妈只管把卵产在寄主植物上，剩下的事情就靠天了！

快看幼虫长什么样吧！

我用微距相机拍下初龄幼虫，放大照片一看，它浑身长满了小刺，简直就像小刺猬一样。我好奇地用手碰一下，咦，不扎手啊。

原来是吓唬人的？

它一动不动地趴在柠檬叶上，啥也没吃，我知道，它出来的时候自己就把卵壳吃掉了。

自带干粮啊！

第二天早上，柠檬叶上有了一个很小的缺口。小不点儿好像长大了一点儿。其他叶子上也陆续出现很多小不点。每天早上，我都会去看看它们长大了没有。有一天，我发现它们变样了。

变成什么样？不是"小刺猬"了？

它们变成了"鸟粪"，变成这种

形态是为了不被鸟吃掉。

它们可真有本事！

这些"鸟粪"比"小刺猬"能吃多了，有些"鸟粪"逐渐变成绿色的"大头娃娃"。

真是太奇妙了！玉带凤蝶是魔术世家吗？

"大头娃娃"的头上有两只大眼睛。我研究了半天，才发现那两只大眼睛是假的，像画上去的。

哦，这也是吓唬天敌用的？

对！吓唬天敌的方式虽然千变万化，但目的都是要宣告：我很厉害的，别吃我！比如，你用手碰"大头娃娃"，它的头上会伸出两根红色的臭腺角，像蛇吐出来的信子，还散发出一种奇怪的味道……

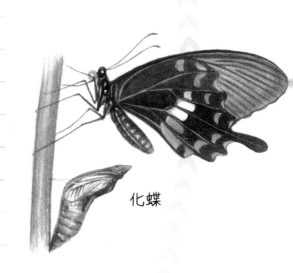

化蝶

哈哈，这也是一种吓唬天敌的武器。

蝶妈只管产卵，多多产卵，总有能活下来的，它可不管这里的叶子够

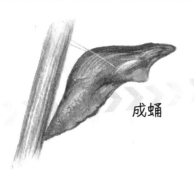

成蛹

不够养活它的孩子们。我家柠檬树那么小，如果顺其自然，这些幼虫很快就要饿死了。

那救不救？怎么救？

当然得救啊，谁让蝶妈把娃产在我家的柠檬树上呢。小区里有一棵很大的橘子树，我摘了橘子叶，把这些"鸟粪""大头娃娃"都从柠檬树上弄下来，和橘子叶一起放进一个盒子里，就像养蚕宝宝一样……

玉带凤蝶的寄主植物是芸香科的各种植物，橘子、柠檬都属于这一科的，对吧？

对啦！盒子里的"大头娃娃"吃饱了，最后变成了一动不动的蛹。

这些蛹里面住的是男生还是女生呢？

要等它们飞出来才知道哦！某一天早上，我终于见到玉带凤蝶在房间里飞了起来。黑色的翅膀上排着一溜白点的是帅气的男生，后翅上带着红色斑点的是女生。它们从窗口飞出去了，这些可都是从我家花盆里"种"出来的蝴蝶啊！

镜子哥，你真棒！种一棵柠檬，就亲眼看到了蝴蝶的一生！

袁屏 / 撰文

我是女生

我是男生

镜子哥，快来看，这面墙上有一只壁虎！个头儿很小，尾巴好像短了一截。

嗯，让我来仔细看看。

多疣壁虎 我是好邻居

你们别碰我！

你是多疣壁虎吧，我没碰你，就是想拿手指头比比你的大小。你平时不都是"哧溜"跑得飞快，转眼就没影了嘛，今天是不是尾巴断了跑不快了呢？

少来，我是"四脚蛇"！

才不是呢，你们壁虎是蜥蜴的一种，虽然和蛇一样都是爬行动物，但你们是吃虫子的，尤其喜欢吃蚊子，对吧？有一次我在浴室看到一只壁虎趴在玻璃窗上吃蚊子。夏天房间里有壁虎，等于多了一个灭蚊小能手，应该感谢你啊——想想都是赚到了。

哼，算你明白。不过，听没听说过我们的尾巴断了会跳到人的耳朵里，让人变聋？

哈哈，这是吓唬人呢。壁虎断尾巴是为了保护自己，在危及到生命的最后关头，它们才迫不得已断尾保命。断了的尾巴还会跳，是为了转移敌人的注意力，以确保自己能跑掉。

　　又被你说中了。我们尾巴上有很多神经，虽然会跳，但无法跳进人的耳朵，因为它没有定向功能。

　　尾巴会跳还是有点吓人，所以有些人看见壁虎就要打死，看来是传说害死"虎"了。

　　而且，有些小孩胆子大，就喜欢逗壁虎玩，吓唬我们断尾巴。

你们的尾巴断了之后不是还能再长出新尾巴吗？

哼，看你说得轻巧，我们长出新尾巴容易吗？这要消耗我们很多营养的。

这样啊，对不起，我以前也逗过壁虎，害它断了尾巴。

再说，新长出来的尾巴远没有原来的尾巴好用了，我们等于是"残疾虎"了，你没看见我跑得不快吗？

就是说，再遇到天敌，你们的"最后一招"也不好用了？

当然！跑不快不说，新长出的尾巴不够长，也不能很好地跳，功能差远了，吓唬敌人也不好使了。

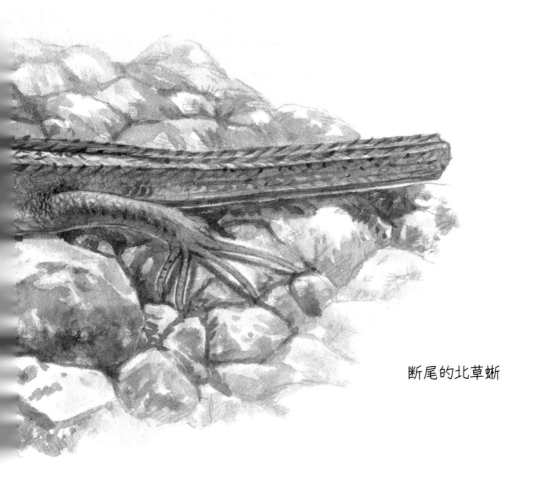

断尾的北草蜥

那太危险了！在古代，大家把壁虎叫作"守宫"，意思是守护家园，即看家护院的小家伙，所以壁虎是我们的好邻居，我们不能加害它。

我们蜥蜴家族有很多成员，在农村更多见一些。

是的，我在乡下见过北草蜥，绿绿的，也会断尾巴。我要提醒小朋友不要害怕蜥蜴，也不要伤害它们。

确实不用害怕。我们多疣壁虎进了城，和城市居民一起过日子。冬天冷，也没什么蚊子，我们就找个缝藏起来冬眠，天热了再出来吃蚊子。

谢谢你们来城里为我们"守宫"。

我还要为我们家族的大壁虎呼吁下。它们生活在广西、云南、海南等地的山区，在岩壁上生活，被当地人称为"蛤蚧"。当地人认为蛤蚧有保健作用，就捉它们来泡酒喝，结果……

是的，我知道，大壁虎已经写进《中国濒危动物红皮书》了。现在我们也在呼吁保护大壁虎，捕捉大壁虎是犯法行为！

唉，人类各种传说真是害了很多野生动物，连我们这样的好邻居都不放过。

我给你拍张照片吧，记录下你的呼吁，告诉更多的人要保护壁虎！

袁屏／撰文

阿问，准备好头灯、手电，咱们今天晚上去南京的公园寻找一种非常稀罕的蛙。

我最喜欢看稀罕的东西了，是什么蛙？

去了再告诉你。

北方狭口蛙 土遁神功

看蛙为啥要晚上看？白天不行吗？

人家天黑了才出来呢。这会儿天还没黑透，再等会儿，我们先查看地形。

为什么要查看地形？

这种蛙是夜行性动物，白天躲草丛、墙缝或者在自己挖的洞穴中睡大觉……

我看到一只蛙了，它在水边趴着呢。

这是金线侧褶蛙，是南京池塘里最常见的一种蛙。我们找的蛙不喜欢待在水边。

瞧，那有一只蛙正在草地上爬。

这是中华蟾蜍，俗称"癞蛤蟆"。

咱们到底要找什么蛙嘛，这也不是，那也不是。

哈哈，别急啊，据说7—8月是它们的繁殖期，现在才5月，还有点早。

那我们白来了？

不，这要看运气。今天下了一场春雨，它们最喜欢在大雨后出来，找个水坑交配

中华蟾蜍

北方狭口蛙

产卵，所以让我们一起祈祷好运。

到底是什么蛙啊？别老卖关子！

好，好，告诉你，北方狭口蛙！狭口蛙就是嘴巴小。你看这只癞蛤蟆的嘴巴都咧到耳朵根了！它的背上还有很多凸起的小疙瘩。虽然北方狭口蛙和中华蟾蜍都不善于跳跃，喜欢爬行，但是仔细分辨，它们还是有很多不一样的地方。

哦，那我们继续找。

嘘，别动，看那边！

脑袋小小的，嘴巴也不大，身上没那么多疙瘩，圆滚滚的身体，还有花纹呢，那是不是北方狭口蛙？

对，那就是北方狭口蛙！太棒了！我们慢慢靠近吧，别吓到它。

它好胖啊！

听说它遇到危险时会把肚子鼓起来，越鼓越大，鼓成一个大气球，目的是让敌人无处下口。

哈哈，太逗了，要不要吓唬它一下，让它鼓起来？

野外观察，是要观察野生动物的自然状态，顺其自然，不要过多地人为干扰！

它好像发现我们了，趴着不动，后腿好像在刨地呢！

对，刨得好快，半个身体都要缩进土里了，快看，就剩脑袋了，这就是传说中的"土遁神功"啊！

啊？什么是土遁神功？

你没听说过吗？中国古代神话传说有种很厉害的"土遁术"，人可以一下钻进地底。其实没有人真的可以土遁，但是北方狭口蛙却会土遁！它不会跳，爬得也慢，却能迅速隐身。

是啊，它这么快就用后腿刨了个坑，把自己藏进土里，一点声音都没有。

对，水边的蛙跳进水里还会发出"扑通扑通"的声音，暴露自己的行踪呢，北方狭口蛙却神不知鬼不觉地遁进土里了。

这么说，如果我们走开，再回来时肯定找不到它了，它隐蔽得太好了！

对呀，如果刚才我们不是悄悄地寻找，肯定注意不到它，一旦发现还要小心地跟踪、观察，不然它就飞快土遁了。

北方狭口蛙有高招啊！

自然界的野生动物都有一套特殊办法来自我保护，不然就没法生存了。

嗯嗯，要防着蛇、猛禽……

最危险的还是人类，最难防的也是人类，"土遁神功"可挡不住家园被毁的灭顶之灾！

呜呜，我知道了，城市一定要保留荒地、湿地这些天然环境，人类不能总按自己的意愿挖来挖去，填这填那，不然好些小动物的家就被毁了！

袁屏/撰文

阿问，天气热起来了，咱们该去看看小燕子了。

农村乡下燕子很多，城市里面也有吗？

那要看高楼大厦间有没有适合它们做巢的地方和巢材，也得看有没有它们的食物——飞虫。

咱们去南京吧。

行。

金腰燕

家燕

家燕和金腰燕

燕占燕巢

镜子哥，我看到一只燕子低低地滑行进那边的小区。

跟过去。

看见了！它落在一根电线上，喉咙和胸口处带着纵纹，腰部有金红色的花纹。

这是金腰燕。看这边的电线上，有两只白肚皮、红喉咙的家燕，但拿望远镜看也分不清雌雄。

它们都是南方很常见的夏候鸟吧？

是的，它们喜欢把巢搭在屋檐下、楼道里，不管是在城市还是乡村，都喜欢和人住在一起。自古以来，燕子就是人类眼中的吉祥鸟，谁家要是有燕子筑巢，人们都会善待它们。因为只有家人和睦、日子小康的家庭，燕子才会进去筑巢，吵嘴打闹的人家，燕子才不去。

快看，这两只家燕飞进了旁边的楼道——

哦，它们的巢已经基本搭好了，泥混着草垒起的。

巢像一个碗，开口朝上。这巢搭得真低，我踮个脚就能摸到了。

家燕不怕人嘛。我们仔细观察，看看它们用什么办法把草和泥混在一起的。走，出去找找它们取泥的地方。

附近有个工地，燕子飞过去了……

哦，地上有一个小水坑，望远镜里能看清楚。那只家燕嘴里先衔着根小草棍，再来叼泥巴，这样草棍便混进泥里了。

原来带着草的泥巴是这样实现的，下一步就是糊上墙了。

再来看，小燕子把带草的泥巴垒到巢上，还这里戳一戳，那里挪一挪，就像一个建筑工人，要保证工程质量。

这样一口草一口泥得干好几天吧？

是啊，一点都不偷工减料。

这对家燕小夫妻面对面站在巢上，在商量什么呢？

猜不出啊，家燕的心思我不懂。

镜子哥，两只家燕飞走了，那只金腰燕飞到家燕的巢里蹲了下来，它要做什么？

我过两天再来看，有什么变化给你发信息。

好！

……

阿问，前两天发现的家燕巢被金腰燕占领了！

啊？

金腰燕在家燕的巢上继续搭它自己的巢，做成了自己喜欢的样子：用泥巴、草和植物纤维等混合后搓成小泥丸，外观看上去更精细一些，巢形像葫芦或者说像花瓶，有一个小小的开口在侧面。

哦，拍张照给我看看！

嗯，金腰燕搭了好多天，可是只有它自己在忙活，抢了别人的巢却没找到媳妇。

你去找找那两只家燕啊，它们去哪儿了？

我早就找了，它们就在隔壁的单元楼楼道里，才几天时间它们就又搭了一个巢。

啊，效率好高！那天它们是不是就在商量着要不要把巢让给金腰燕呢？

也许吧。等过些日子我再来看，到时再告诉你新消息。

……

阿问，家燕窝里孵出6只小燕子！

真是模范父母！

也许，它们是有经验的父母，看那只金腰燕小青年初长成，找媳妇难，安个家也不容易，就谦让了自己的巢。

哈哈，这是咱们猜的。

是啊，鸟类之间的互助协作，还真是个人类不太懂的大课题呢！

袁屏／撰文

家燕

绥草小花

阿问，6月的南京，夏天来临，我们去长江边逛逛吧！

呦，真漂亮！沿着长江打造的风光带，一溜儿都是公园，随处可见绿茵茵的人工草坪。

绶草 以草之名，授之以兰

呦！镜子哥，草地上这是什么？

哪里？

看草丛中站着一棵纤细的小草，开着小花。

让我蹲下来仔细看——好特别啊！一溜儿的小花绕着花序轴旋转着，每一朵花都很小，只有米粒大，像一条开花的藤绕着大树旋转攀爬。嘿！你是谁？我们怎么

从来没见过你？

　　嘿嘿，我叫绶(shòu)草！因为我的花是螺旋排列的，很像人们佩戴在胸前的绶带，所以被叫作绶草。我的名字虽然有个"草"字，但我其实是高贵的兰花！

　　嗬！你再说一遍，你是兰花？!兰花我可见多了:蝴蝶兰、兜兰、石斛兰、独叶兰……兰花气质高雅又美丽，不是生长在幽谷之间，就是藏在森林之中，哪有长在城市草坪上的？让我好好看看你再说！别忘了我是小镜子，看鸟有望远镜，看花有微距镜头！

看吧看吧，我狭长的叶子，在不开花的时候，就跟草坪上的草一样，要不我怎么叫绶草呢。可辨识植物关键要看花嘛，既然你熟悉兰花，那你应该知道，兰花家族有特化的唇瓣……

嚯，真有啊，这唇瓣晶莹剔透，还带着波浪状的卷边！

再给你科普一下吧，2004 年 10 月 14 日，在泰国曼谷举行的《濒危野生动植物物种国际贸易公约》（也称《华盛顿公约》）第 13 届缔约国大会上，宣布兰科植物的所有种类都应该受到保护。中国也是《华盛顿公约》缔约国之一，也就是说所有兰科植物在中国都享受国家二级保护的法律效力。

我懂了，你是借着草的模样保护自己。而且，谁要是未经允许随便采你这棵草回家，那就是违法了？

对！我们兰花因为长得太美，所以经常被人们挖回家，种在花盆里，但是我们的生长环境需要具备特殊的温度、湿度、养分和光照等条件，很少有人能把我们养活。即使有活下来的，人们受利益驱使，又会将我们以高价卖出。这导致更多兰花被盗挖，面临灭绝危机。另外，很多热带雨林被破坏，依赖雨林环境的兰花也越来越少，要不怎么会有国际公约专门提出要保护兰花呢。

这样啊，放心，我们不会挖你的。

你可是我见过的最小的兰花了，我得趴下来，给你好好拍张照片。

镜子哥，你的技术如何，能把那么小的唇瓣拍清楚吗？

耐心点，屏住气，手不要抖……

哈哈，我不会跑，你慢慢拍。照片才是既能被人欣赏又能留住我们的美丽的最好办法，希望更多的人看到这些美丽的照片后，就不再乱挖兰花了。

绶草绶草，以草之名，授之以兰，希望在草地上看到你这个小不点年年盛开！

袁屏／撰文

【特别提示】

《濒危野生动植物物种国际贸易公约》，也称《华盛顿公约》，该条约于 1973 年在美国华盛顿签署，截至 2021 年年底共计有 183 个缔约国。该公约是由世界自然保护联盟（IUCN）领衔签署，在 1963 年公开呼吁各国政府正视野生动植物国际贸易对部分野生动植物族群已造成直接或间接的威胁，为永续使用此项资源，需着手野生动植物国际贸易管制工作。该公约历经 10 年终于签署。

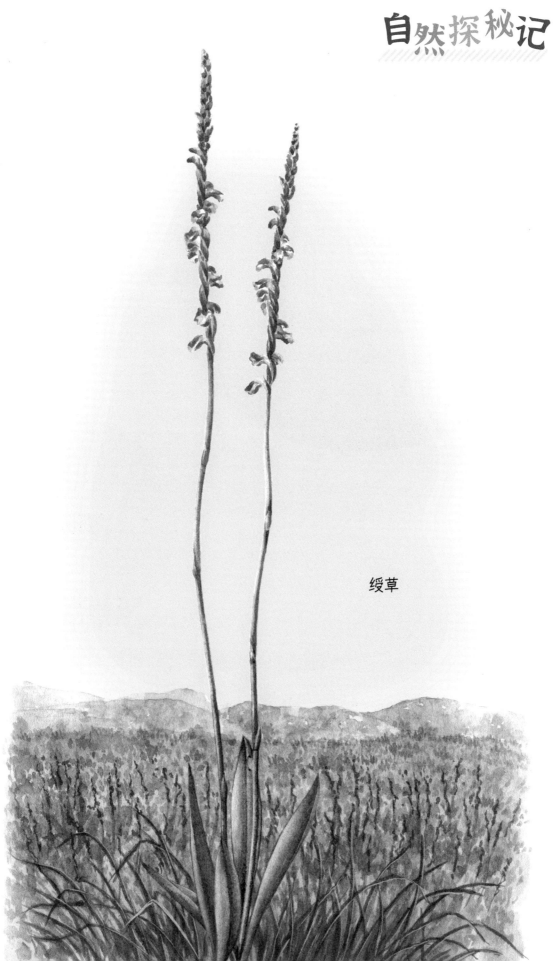

绥草

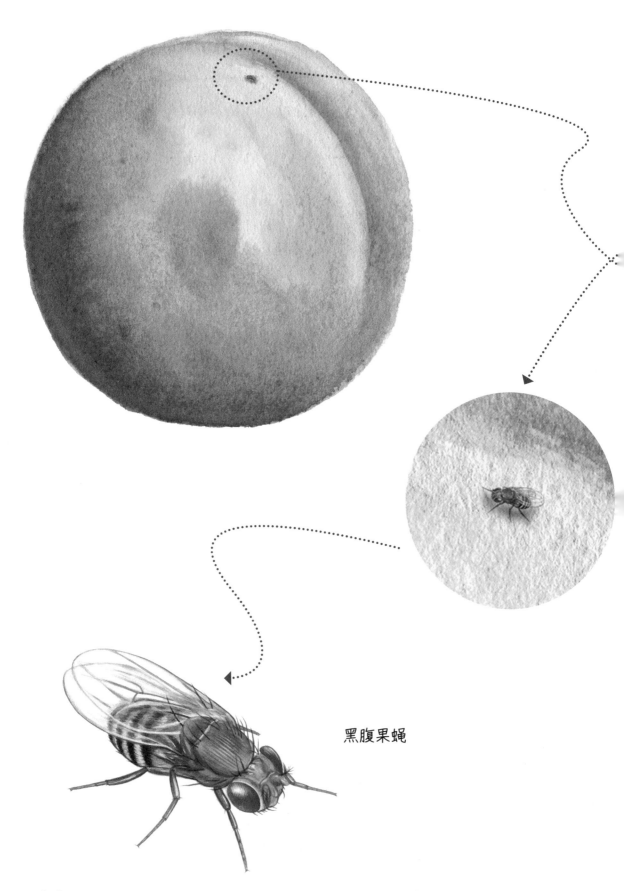

黑腹果蠅

初夏时节，江浙沪一带的黄桃上市了，阿问说她买了好些，叫我去吃黄桃——

黑腹果蝇

小昆虫，大学问

一进门就闻到香喷喷的味儿了，桌上放着的黄桃熟透了，嘿嘿，真想马上去吃掉它！

咦？桃子上怎么有只小黑虫？才芝麻大，一靠近就飞起来，我走开又飞回来，它们也喜欢吃黄桃吗？

阿问！桃子上有小飞虫，你也不管？

别喊，我不是小黑虫，也不是小飞虫，我是果蝇，我们也不传播疾病。你把黄桃剥了皮吃吧，把桃皮留给我们就好。

果蝇？哦，百科全书上有写，果蝇，全世界有4000种以上……

嗯，我们是最常见的一种，叫黑腹果蝇，听说过吧？我们是被人类研究得最彻底的模式动物之一，协助人类打开了现代遗传学的大门，有人称我们为"科研劳模"呢！迄今为止，有6位科学家因为研究我

们而得了诺贝尔奖。

嚯，原来你就是大名鼎鼎的黑腹果蝇啊，没想到你居然就在人的家里，我真是有眼不识泰山！谁让你长这么小，人的眼睛根本没有办法看清楚，等我用微距镜头把你拍下来吧。

拍吧。看见我的嘴巴了吧，舐吸式口器，我最喜欢酵母菌，喜欢得如痴如醉，简单说就是喜欢烂水果的味道，只要放一个烂水果或者香蕉皮……

你就知道吃吃吃，我小镜子看清楚啦，你的眼睛很大，是一对橙红色的复眼。你还有一双透明的翅膀……

对哦，别看我的模样和人类相差十万八千里，但是科学家对我进行了全基因组测序，发现我的基因和人类的基因有很多相似的地方。他们可以通过我来研究人类的各种疾病，欧美国家还有果蝇研究社团，每年都开大会……

太不可思议了！你一只小小的果蝇，还能帮忙研究人类的疾病？但是为什么偏偏是你？

随处可见、易于收集样本和可以快速繁殖，这就是我们进入科学家法眼的前提。所以，别小看不起眼的我们哦，随处可见的小虫子可能不为人知，但也有自己游刃有余的天地。

好吧。但是，我不喜欢看见香喷喷的水果上有好多小黑虫！

那你们不要把我们喜欢吃的东西放外面就好了呀，放冰箱、盖盖子都可以，只要把吃剩的果皮留给我们，那我们不就可以和平共处了？

城市里肯定没有多少你们的生存空间，动不动就要消毒杀菌……

是啊，没办法。其实小虫子在这个地球上也有生存的权利，即使不提我们对人类科研的贡献，我们也是生态系统的一部分啊。可惜人类，天不怕地不怕，就怕小虫子，那我们就去人少或者没人的地方吧，拜拜啦！

阿问，果蝇的故事你听见没有？黄桃我可开吃了！

来了，我们先剥了皮，一起吃吧！

袁屏 / 撰文

镜子哥，7月的南方好热啊，又闷又湿的。这样的季节，大街上还有什么好看的吗？

阿问，我们不怕热，一起去南京的街头走走。

鸡矢藤

一个有味道的名字

阿问，你看路边的树上挂着一丛藤蔓，叶子对称生长，每一片都是卵形，看起来就像鸡蛋的形状……

镜子哥，你应该直奔主题，看它的花！

哈哈，它的花很小，像个小铃铛。5个带着皱褶的白色花瓣，像不像婴儿戴的小帽子？

有点像，但是它的花筒很长，花筒外面还有一层绒毛。

紫色的花冠挺鲜艳的，而且这些小花是一串一串地串在一起的，就像一串风铃……

鸡矢藤

风吹过来，仿佛听到叮叮当当的声音——不过这只是我的想象，哈哈。

阿问，你知道这么精致可爱的小花叫什么吗？

小铃铛？小风铃？

它的名字不好听——鸡屎藤。

为啥呢？

你摘一片叶子或者一朵花，放在手上揉搓揉搓，再放到鼻子下面闻一闻。

哎呀，一股鸡屎的臭味。

后来大家觉得这个名字太不雅了，就换了个谐音字，变成鸡矢藤。

不管叫什么吧，它的小花还是很特别、很可爱的。街头这些鸡矢藤是谁种的呢？

它们不是人工种植的，是自己长出来的野生植物。鸡矢藤不开花的时候不起眼，不容易被认出来。实际上它们很常见，分布很广。据《中国植物志》记载，鸡矢藤广泛分布于秦岭以南的南方各省，乡村、湿地、城市街头和公园，到处都能见到。

这些像小铃铛一样的花要是谢了是什么样子呢？

秋天的时候鸡矢藤也很夺目，不过要等到11月才能看到。如果遇到非常茂盛的鸡矢藤，它们会像一大片金黄的瀑布，因为上面挂满了绿豆大的黄果子！

鸡矢藤果子

那我真想再来看看！

虽然鸡矢藤的名字不好听，叶子和花还有臭味，但是花美藤美，人们并不嫌弃它，不仅喜欢它的模样，还把它做成美食。

啊？那能好吃吗？

听说广西北海一带每年农历三月三都要采摘鸡矢藤的叶子，做成鸡矢藤粑糖水。传说以前当地发生了一次瘟疫，大家怎么都治不好。就在农历三月三这天，有人把鸡矢藤的叶子捣碎了做成食物，大家一吃病都好了。从此，每年的三月三就有了吃鸡矢藤粑糖水的传统。传说不一定是真的，但鸡矢藤可以做成美食，这是真的哦！

嗯嗯，我信！

最爱鸡矢藤的还是海南人。海南人不仅把鸡矢藤做成各种特别的食物：鸡矢藤粿、鸡矢藤粑仔、鸡矢藤糕……海南省琼海市嘉积镇在每年农历七月初一还会举办鸡矢藤粿仔小吃节。

哎呀，我还真有些好奇，鸡矢藤吃起来是什么味道。以后咱们到海南或者广西去尝尝？

约！

袁屏 / 撰文

镜子哥，南京的 7 月，好热辣的夏天啊！

阿问，快抬头看，街头有好多蜻蜓在飞！

黄蜻蜓？

它们的名字叫黄蜻，不叫黄蜻蜓。

黄蜻 不要问我从哪里来！

黄色是黄蜻蜓，红色是红蜻蜓，从小到大我们都是这么叫，难道叫错了？

当然错了，咱们中国现在有记录的蜻蜓有 800 多种呢。红色的蜻蜓，闭着眼睛都能数出很多种：红蜻、长尾红蜻、竖眉赤蜻……

打住打住，就说黄蜻吧！路边的马鞭草上停了很多只，这种蜻蜓很常见，我抓过！

咱们中国只有一种黄蜻，保证大家都见过，因为黄蜻可能是世界上分布最广的蜻蜓。在温带和热带地区，乡村、城市、田野、山林、海滨，你都能看到它们的身影。它们还能在大海上飞行呢。

我们绝大部分人都和它相见不相识，对吧？看见了只是说：哦，蜻蜓！

哈哈，你总结到位！大部分蜻蜓都喜欢在水边活动，黄蜻是唯一一种可以在闹市起舞的蜻蜓。高楼大厦之间，也可以看到成群的黄蜻飞舞。

黄蜻翅膀前面有一个黄色的小斑点，那是啥？

那叫翅痣。抓过蜻蜓的人应该知道，这个小斑点比较厚

黄蜻

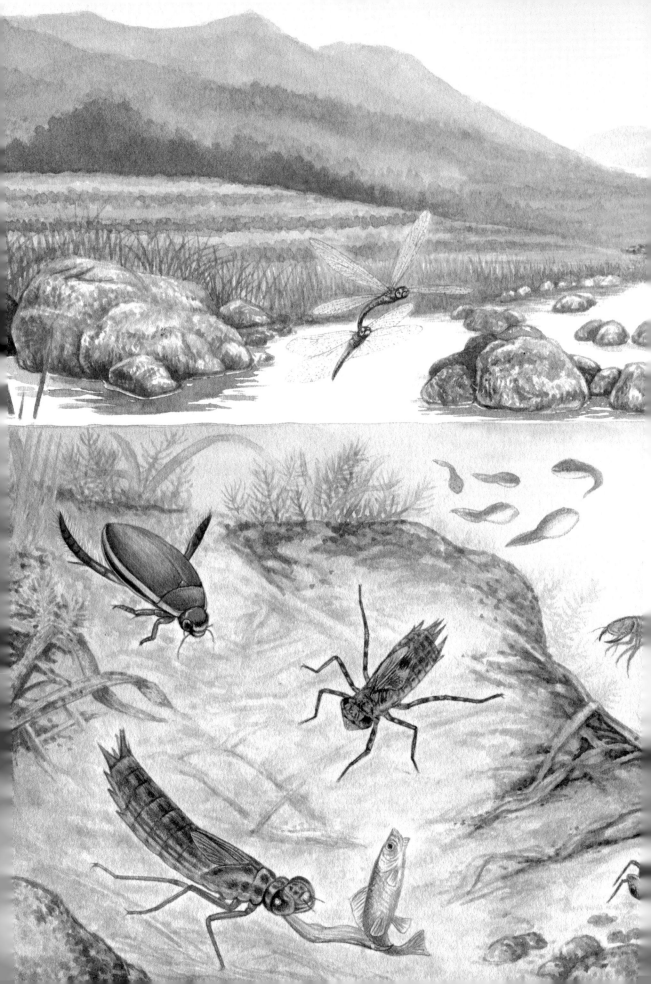

碧伟蜓在捕食黄蜻

实，颜色更深。别小看这个小小的翅痣，那可是蜻蜓飞行的稳定器，可以让蜻蜓在快速飞行的时候稳定翅膀。科学家通过研究蜻蜓的翅痣，也给飞机的翅膀设计了加厚区，来稳定飞机的飞行。

太厉害了！这就是仿生学吧，从生物身上获得启发，用于人类的创造。

是的，这样的例子还有很多。

我从来没见过其他蜻蜓有这么大的族群，黄蜻是从哪里来的呢？

黄蜻是一种到处流浪的蜻蜓，它们能像鸟类一样迁徙。有研究者利用昆虫雷达和高空探照灯，对在我国渤海湾上空跨海迁飞的黄蜻进行研究。结果发现，黄蜻迁飞有季节性变化，7月底以前主要是北迁，7月底以后以南迁为主。还有资料表明，黄蜻的幼虫羽化后可以从印度尼西亚向北飞到日本。

难以想象啊！

是啊，这个看似普通的物种身上蕴含着巨大的能量和非常多的故事。

还有什么故事？

很多蜻蜓对水质要求高，只能生活在清澈的溪流中。黄蜻却没那么挑剔，它们在小水坑里都能产卵。

我见过！有次大雨过后，我家阳台外面积水了，居然有一只黄蜻来产卵，然后停在我家花坛上休息。

蜻蜓的卵孵化以后变成水虿。水虿很凶猛，通常在水中生活，捕食水生昆虫，有些大型的水虿甚至能捕食蝌蚪和小鱼。有的水虿要在水中生活七八年才能羽化，黄蜻却能够快速从卵变成成虫，这也是黄蜻数量多的原因。黄蜻能够一边迁徙一边产卵，你看到的黄蜻也许是从别的地方飞来的。

哦，南京的黄蜻也许来自北方？或者，根本没有人知道它从哪里来？

对呀。每年秋天，有很多蜻蜓在山顶飞行。碧伟蜓会捕食黄蜻，迁徙中的红脚隼也是抓蜻蜓的好猎手。黄蜻数量最多，成为别的物种迁徙路上的食粮也不奇怪，这就是生生不息的大自然！

嗯，我对黄蜻肃然起敬，它看似不起眼，却有这么多精彩的故事！

袁屏／撰文

71

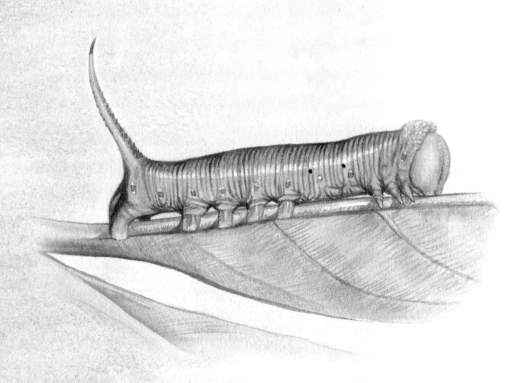

咖啡透翅天蛾幼虫

阿问，今天天气太热，我们不出去转了，就在我家阳台探究一番。

你家阳台有什么可看的？

我养了花，种了菜，仔细观察也挺热闹的。等我有新发现就拍照片给你。

咖啡透翅天蛾 我不是蜂鸟

嗯，果然有发现——阳台上栀子花的叶子突然被啃掉很多。

这是谁干的？

仔细找找……喏，有只绿虫子爬在栀子花的嫩叶上。绿虫子的身体两侧有一排眼斑，背上还有淡黄色的条纹，腹部的后面还翘着一根像天线一样尖尖的小尾巴。这个小尾巴叫尾角，这是天蛾科幼虫的特征。

镜子哥，这个尾角有啥用？

幼虫孵化的时候，它可以用来划破卵壳，还能吓唬别人：看我有武器，别碰我！

它后面会变成什么样？

等我持续观察几天再告诉你。

……

咖啡透翅天蛾

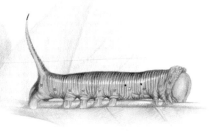

啊，幼虫长到手指头那么粗了！而且，它的颜色已经从绿色变成褐色了。

我知道，幼虫一变颜色，就该化蛹了。

阿问你说得没错。接下来它就会钻进土里，或者在枯叶中化蛹，再过大约 13 天，蛹就会羽化，变成一只蛾子。

什么模样的蛾子呢？

别急，等我拍了照给你看！

……

经常会有人说在花园里看到蜂鸟了，这些被大家误以为是蜂鸟的，其实是长喙天蛾。

我知道，中国是没有蜂鸟分布的，蜂鸟只在美洲有分布。

对，你看我家阳台上化蛹出来的这只，是长喙天蛾的一种——咖啡透翅天蛾。它有一双大眼睛、两根触角和一根长长的口器。不吸花蜜的时候，它们的口器是卷起来的，像蚊香一样，吸取花蜜的时候，它们才会快速地把口器伸出来，一边在花朵上飞速扇动翅膀，一边伸出长长的口器吸取花蜜。

就是这个很像蜂鸟长喙的口器让很多人误认为它是蜂鸟了？

确实，它的英文名直译就是蜂鸟鹰蛾。而且它的翅膀是透明的，所以中文名叫咖啡透翅天蛾。

那为啥名字前面要有咖啡两字呢？

咖啡透翅天蛾的幼虫不仅喜欢吃栀子花的叶子，也喜欢吃咖啡的叶子，咖啡是它们的寄主植物之一。

我懂了！镜子哥，如果我在栀子花上发现了这样的虫子，是不是可以像养蚕宝宝那样将它们"养"起来？

可以啊，你牺牲一些栀子花的叶子就好了。每天你还可以观察它们的生长过程，顺便做笔记，把它们的生命历程记录下来，这可是一件很有趣的事情。

袁屏／撰文

秋天到了，这是收获的季节，镜子哥，我们去哪儿？

阿问，先去北京吧，北方的秋天来得早。我们去玉渊潭公园。

斑鸫 吃素又吃荤

哦，挺大的湖面，玉渊潭还有什么特别的吗？

这个公园比较大，也就比较"野"，东边与钓鱼台国宾馆的水面和绿地相连，北边有池塘、假山和樱花园，既有高大的乔木，也有灌木丛，而且有一道土坡，没有铺人工草坪。

懂了！面积大、植被类型丰富、少用人工草坪，这种环境鸟儿就喜欢！

是的。秋天，许多小鸟从北方的繁殖地迁徙南下经

斑鸫

过北京，玉渊潭就是它们喜欢的地方。

镜子哥，这是什么鸟？好多只，在忍冬枝头吃小红果。

这是斑鸫。听老师讲过，鸫科鸟类都是"标准身材"，个头儿不大不小——麻雀是小鸟，喜鹊是大鸟，麻雀的嘴巴短小，喜鹊的尾巴很长，而斑鸫，哪儿也不长，哪儿也不短。

是啊，我还认识乌鸫，也是这样的体形。可这些斑鸫怎么每一只都长得不一样啊？

每一只斑鸫的"斑"都不太一样。斑的多少、深浅，都各有特点。那边还有几只它们的亲戚——红尾鸫，尾羽呈棕红色，胸腹部的斑是砖红色。

哎，一只斑鸫落咱们跟前了！呦，它拉屁屁了！

嗬，一卷红红的小"螺丝"——

啊？鸟粪不是白的吗？吃了忍冬果，拉出红屁屁？真是长见识了！

忍冬是药用植物，也是园林观赏植物。北方城市的公园里比较喜欢种忍冬，春天开花时先白后黄，因此有"金银花"这样的名字……

镜子哥，那边又来一只斑鸫，落柏树下面了！

看它用嘴刨什么？拿望远镜看，别靠它们太近！

它翻出一团硬币大小的白色东西！是什么？望远镜看不清。

别急。看它叼起那个白团又甩下，还左右看看，再把小白团吃掉，好谨慎。

它又刨出一个吃了，又一个！

忍冬花

嗯，一共 3 个小白团了……它飞走了，那边来了一个人。

我们过去看看斑鸫到底在吃什么吧？

等我拣根树棍——来，先把落叶划拉开，再捅下面的黄土……

嗬！捅出来一个，白白的蜷着的虫子，这是什么的幼虫？

这是"地老虎"吧，是蛴螬 (qícáo)？还是蝲蝲蛄 (làlàgǔ)？还是什么夜蛾的幼虫？认不出，反正是吃植物根茎的家伙。

看来斑鸫不光吃素啊！有荤有素挺丰富。玉渊潭公园真好！

问题是，斑鸫怎么知道它们藏在地下？它的嗅觉太厉害了！

是啊，一叼一个准儿！佩服！

钟嘉／撰文

82

麻雀　　　　　　斑鸫　　　　　　喜鹊

斑鸫

跟着秋天的脚步，来到长江中下游的城市，又是另一番景象，最明显的是这里斑斓的色彩。

阿问，我带你认识乌桕（jiù）树吧。

乌桕树

谁种下的五彩树？

我们老家门口的池塘边有一棵大大的乌桕树，乌桕的果子是男孩子自制玩具手枪的"子弹"。

镜子哥，好像每一棵乌桕树都有不一样的色彩？

是啊，乌桕是落叶乔木。在江浙皖南一带，每到11月中下旬，乌桕树的叶子就会开始变红、变黄、变紫……乌桕也是非常有用的树。乌桕果是黑色的圆球形，成熟以后裂开，露出白色的蜡质假种皮，叫作"桕蜡"。以前人们用桕蜡制作香皂、蜡烛，现在因为找到了更合适的原料来代替

灰头绿啄木鸟

柏蜡，就没有人专门种植乌桕树了。

那我们经常看到的乌桕树是谁种的呢？

乌桕到了冬天是鸟的粮仓，江浙皖南这边至少有20多种鸟会吃乌桕果，看你认识几种鸟？

你考我呀！我认识远东山雀！它的肚子上有条黑色的"拉链"。

远东山雀这样的小鸟吞不下乌桕果，它们是用小尖嘴一点一点啃上面的柏蜡吃。

那个柏蜡好吃吗？

其实什么味道都没有，但对于鸟儿来说，也是有滋有味的，能吃饱肚子是最重要的事情。

那边有只灰头绿啄木鸟，也在吃乌桕果？

是啊，山斑鸠也吃乌桕果。南京的梅花山有一排很大的乌桕树。冬天叶子落尽以后，山斑鸠经常成群地聚集在乌桕树上吃果子，远看乌桕树好像长了一树的山斑鸠。

那不是也很好看？

当然。即使没有鸟儿，满树的白果子像雾凇一样也很好看。古人有诗云：偶看柏树梢头白，疑是江梅小着花。可见落了叶的乌桕也有别样的美！

你还没告诉我是谁种的乌桕树呢！

人工播种乌桕树得浸泡种子，去掉那层柏蜡，种子才能发芽，不然，乌桕的种子就发不了芽。白头鹎、灰树鹊、喜鹊、红胁蓝尾鸲、灰头绿啄木鸟吃乌桕果时都是囫囵吞枣，消化不了的果核就随着便便被拉了出来——

哈哈，我猜到了，那东一棵西一棵的乌桕树，原来是鸟儿种的！

袁屏／撰文

镜子哥，秋天的柿子树也很漂亮，满树挂着红红的大柿子。

是很诱人哦！现在水果的种类很丰富，柿子的市场需求不多了，柿子树好像变成了景观树种。

柿子不仅好看，也是很多鸟儿的口粮。北京的公园里，如果有柿子树，多半都成了灰喜鹊的食堂。

你知道吗？不仅鸟儿爱吃柿子，还有别的小动物也爱吃柿子，我就碰上了一个。

讲给我听听！

鼬獾 喜欢吃柿子的小家伙

那天院子里的柿子熟了，有一个熟透了，"吧嗒"一声掉下来摔烂了。我正感叹"好可惜啊"，就听见院子里墙角边有动静——

可惜？才不会！柿子掉下来，香味会传得远远的，整个院子都是香甜的柿子味。我躲在洞里就盼着天黑，好出去吃柿子，现在只能悄悄地舔舔嘴边，感受昨天晚上残留的柿子味！

你是谁？

我是鼬獾（yòuhuān）啊！你肯定没见过我，因为我都是晚上出来活动的，白天基本躲在地下的洞里睡觉。其实我早就认识你了，因为我住的洞就在你家门口不远的草丛下面。

不仅你没见过我，很多人可能连我的名字也没听过，但是我有个大名鼎鼎的远房亲戚叫黄鼬，你们平常喜欢叫它黄鼠狼，它你总该认识了吧！

哈哈，黄鼠狼啊，我前几天还在小区里

鼬獾

见过它，跑得飞快，一眨眼就没影了！

天黑喽！我要出去吃柿子了！我爸妈胆子比我还小，它们要等你们都睡觉了才敢出来，我可憋不住了。

唉，今天怎么才掉了一个柿子，运气不太好。赶紧吃两口，来人了，我溜……

哈哈，我终于见到你了，院墙边那个漏水的管子，你"嗖"一下就钻进去了，看来你对地形很熟悉啊。

原来你这么小啊，跟黄鼬差不多大。但是你比黄鼬漂亮啊，脸是花花的，鼻子真长，像小猪！

你怎么还不走啊，吓得我都不敢出来了，要知道每年也就这段时间可以吃柿子，其他时间我还得自己去挖蚯蚓、抓老鼠、逮虫子……我现在已经长大了，爸爸妈妈也不会给我抓吃的了。有的时候，遇上有人喂流浪猫，我也会去蹭点猫粮充充饥。但是我特别喜欢吃柿子，柿子成熟的季节是我最开心的时候！

我这就走，你继续吃柿子吧。

你不要告诉别人遇见了鼬獾啊，我想保住自己的小家，继续在这个小区生活呢。

我知道啊，我还要告诉大家，鼬獾身上带有狂犬病毒，谁都别碰它，它咬了谁都不是好玩的。

但是，你们也不要无端地担心，因为我们住在地下的洞穴，和人类完全处在两个世界。为了避免遇见人类，我们早就成为夜行性动物，尽量不跟人类打照面。

我懂，一定要提醒大家，不要去抓野生动物，更不要想着灭绝谁。

人们看到小动物可爱，就想摸摸我们！一听说有病毒，又想消灭我们。唉，走两个极端。

嗯，我不会告诉别人你的家在哪儿，因为有些人，一听说野生动物有病毒，就要将野生动物铲草除根，他们说不定会做出伤害你的事情！

其实，病毒到处都存在，而且永远存在，人类是没有能力把野生动物和病毒消灭干净的。我们野生动物经过亿万年的演化，最终能跟病毒共处。人类有自己的生活空间，只要跟我们保持距离就安全了。别打扰我们，咱们相安无事，不是挺好吗？

对对对！听你的，我走了，你一会儿继续出来吃柿子吧。

袁屏 / 撰文

阿问，入冬了，我要去贺兰山"追星"，追"鸟明星"！

什么是"鸟明星"？

中国有 1400 多种鸟，有些鸟比较常见，有些鸟很稀有，稀有的鸟就是"鸟明星"。

就是说，很可能我们跑一趟还见不着？

那是，没难度怎么能叫"追星"。

祝你好运！

贺兰山红尾鸲

你家小区有"鸟明星"吗？

贺兰山红尾鸲（qú）是世界级的鸟类"大明星"，因为全世界只在中国有，全中国只在内蒙古、宁夏、青海和甘肃的高山上有——知道"追星"多不容易了吧，得上高山！

谁说不容易？是你消息不灵通！

咦？贺兰山红尾鸲呀，你在哪儿？

既然叫贺兰山红尾鸲，一定跟贺兰山有渊源，我们最早就是在贺兰山被发现的。

我就是来贺兰山了，刚到银川。

那你过来找我，我等你。

行，我马上来，先问一下你为什么叫红尾鸲？

北红尾鸲

因为我们有红色的尾羽嘛。我们红尾鸲大家族，有几个亲戚是白头发，几个亲戚是黑头发，还有好几个蓝头发的亲戚。我也是蓝头发，哈哈，严格说是蓝色发灰的头发，橙红色的肚子，长条形的白色翅斑——注意哦，常见的北红尾鸲那哥们儿，它的白色翅斑是三角形的！

对，作为"明星"嘛，你确实是颜值担当。你是在贺兰山岩画景区吗？

我们贺兰山红尾鸲冬天会从高山下来，岩画景区那条沟有流水和沙棘果，是我们喜欢的山沟。其实，不仅在西北，河北、北京等地也有我们的同伴……

我上过北京东灵山找你们，那里的盘山路冰雪覆盖，不是开车高手都不敢去。可你们不给我小镜子面子！我跑了几趟都无缘一见，唉。

唉，那边伙伴也确实少，还是要来贺兰山嘛。看你"追星"挺有诚意的，告诉你吧，我就在银川市区的居民小区院子里！

啊?!我还准备进山呢，你怎么会在小区院子里？

来不来？想进山我也不拦着。

我来了！刚进小区大门就听到你在唱歌了，鸟儿一般在春天鸣唱，你怎么这么早就唱起来了？

鸟儿鸣唱是为了占地盘、找对象，冬天先练练嗓子，为开春做准备。

呦，这是个非常普通的居民小区，楼房很高，但绿化很好，树的种类很多。一群麻雀抱着泡桐的果子在啃……

那不是贺兰山红尾鸲的菜，我们嘴巴尖细，果子太大不行。

海棠果挂了一树，那些果子也太大？

对，留给黑颈鸫吃吧！

我看见你了！原来你是位帅哥！

谢谢称赞！认识我喜欢的植物吗？

金银忍冬，挂满了红彤彤的小浆果！

对呀，你看忍冬掉了一地的小红果，可以一个一个叼起来，囫囵吞下去。

啊，原来这里是贺兰山红尾鸲的食堂！

我们春天上高山繁殖，以吃虫为主，因为养娃需要高蛋白。冬天下山，原本待在山沟里吃沙棘果，这些年银川市各小区的绿化都很好，种了很多金银忍冬，虽然没人打电话通知我们，但我们靠着"第六感"知道了，冬天一起进城找食堂。

这个小区怎么就你一个？

其他小区也有金银忍冬嘛，我们商量好了，每家去一个小区，这样大家就都有自己的食堂了。

我先把阿问喊来看你，再让银川小朋友也来"追星"，谁家小区有贺兰山红尾鸲，看见了就告诉我小镜子。这样，

贺兰山红尾鸲

我就知道究竟有多少贺兰山红尾鸲冬天进了银川市。

对！你还可以给这些小区颁发"生态文明奖"，被我们贺兰山红尾鸲"大明星"相中，绝不是浪得虚名！

袁屏／撰文

蓝翅希鹛

镜子哥，冬天这么冷，我们找个暖和点儿的地方吧。

那就去云南，去昆明！

赤腹松鼠

有花蜜吃，谁愿意啃树皮啊

昆明叫"春城"，怎么讲？

气温不冷不热是一条，更重要的是物候跟其他地方不太一样，一年四季花常开。

什么是物候？

物候对应的是气候，气候反映的是天气变化，而物候反映的是物种的周期性变化，比如植物什么时候发芽长叶、开花结果，体现了不同的节气和季节的变化。其他地方的樱花在 3 月或者 4 月开放，而昆明的樱花 12 月就开了，昆明人把它们叫作冬樱花。

我们去哪里看冬樱花？

昆明理工大学的校园里有不少冬樱花，还有很多小鸟在樱花树上来来往往，有些来吃虫，有些来吸樱花蜜。看，那只蓝翅希鹛就喜欢吸花蜜。

我看见一只大个头儿的松鼠，也抱着樱花在吃呢！松鼠不都是吃松子的吗？

动物也要换口味嘛，老吃一种食物，营养也不够全面。

哈哈，它们的吃相真有趣！那只"倒挂金钟"抱着花朵在吸花蜜，这只含着花朵不肯松口，还有一只吃得都敞胸露怀了——咦？它的肚子是红色的！

它们是赤腹松鼠，是中国南方最常见的松鼠，在秦岭淮河以南的地区都能见到。不过江浙地区的赤腹松鼠的肚皮不红，而是浅黄色的。

为什么森林里见到的松鼠都胆子小，见到人就"哧溜哧溜"没影了呢？

之前冬天的时候，我去了云南普达措国家公园。在公园的木栈道上，鸟和松鼠都不怕人，有只隐纹花鼠，一不留神就能爬进游客的包包里找东西吃。原来很多游客喜欢投喂它们……

我也喂过，这不好吗？投喂食物不是在献爱心吗？

这不好。这属于"好心办坏事"。人类制作的零食含有很高的油盐糖，会损害野生动物的健康。而且，野生动物一旦习惯了接受人类给予的食物，自己的觅食能力就减弱了。过于依赖人类，对它们来说并不是好事。

哦，那我以后不给野生动物们投喂食物了。听说林业管理人员不喜欢赤腹松鼠？因为它们喜欢啃树皮，被啃光树皮的树都死掉了，所以很多地方的林业部门想各种办法要消灭赤腹松鼠。赤腹松鼠为什么要啃树皮呢？

你不知道真相吧。赤腹松鼠的食谱包括各种植物的花、果子、种子、嫩叶……它们在森林里吃花蜜的同时还顺道帮助传播花粉，储藏种子食物的同时也替植物播了种，森林是它们的家园啊……

对呀，如果它们爱啃树皮，导致大树死了，那岂不是毁灭了自己的家园？

其实，赤腹松鼠啃树皮的林子都是人工林，人工林如果只栽种单一树种，是不能为赤腹松鼠提供丰富多样的食物的。没有花果的季节，它们只能啃树皮吃。

明白了，是人类毁了赤腹松鼠的森林，赤腹松鼠到人工林里不够吃就只能啃树皮。如果倒打一耙，反说赤腹松鼠是坏蛋，那就太冤枉它们了！

如果有花有果有花蜜吃，谁还愿意啃树皮呢！

看着昆明市里的树木种类繁多，赤腹松鼠还能吃上樱花蜜，我总算放心了。

袁屏／撰文

镜子哥，咱们还没去过广东呢，去趟深圳好不好？

好呀，带你去看一种蝙蝠！

啊？看什么不好，非要看蝙蝠?!

这你就不懂了吧，不要听说什么病毒的宿主是蝙蝠，就对它感到紧张和反感。

好吧，听你的。

短吻果蝠

以叶子为家

这是深圳市的中心公园，里面有很多蒲葵树。

不是看蝙蝠吗？看蒲葵树干吗？

让蝙蝠告诉你。

我是一只犬蝠，我的家就在这一片蒲葵树林里的某片叶子下。

啊?! 每一片叶子都长得一模一样啊，压根就找不到蝙蝠的家在哪里！

哈哈，我家在一片垂着的蒲葵叶下面，你找到了吗？

嗯嗯，可是我有点怕。

我与其他蝙蝠亲戚不一样，长着一张像狗狗一样可爱的脸，因此得名犬蝠，你看看像不像？

啊，看见了，你叼着个果子？蝙蝠不是吃虫子的吗？

我们是不折不扣的素食主义者，因喜爱吃果子，又被叫作短吻果蝠。

呀，这边一片叶子下面有好多犬蝠呢。

犬蝠家族生来就是建筑高手。只要找到一片合适的蒲葵叶，犬蝠就把它的一圈叶脉咬折，叶子就自然下垂，形成一个半包围的"帐篷"，一家老老少少就可以倒挂在叶子下方休息了。

嗯，看着简易，可又隐蔽，这个"家"还不错。

当然了，既可遮风挡雨，又通风透气，犬蝠是不是很有智慧呢?!

这么一个家，谁是家长啊？

仔细看我们的"全家蝠"，最强壮的是爸爸，两个妈妈和我们姐弟仨组成一个小家庭。有一些大家庭有20多个成员呢！

正在撒尿的犬蝠

哪个是小弟弟？

我们白天休息，晚上出去寻找食物。你看，弟弟昨天晚上光顾着贪吃花蜜，头上沾满了花粉，回家就呼呼大睡了！

你们怎么吃花蜜？

很简单啊，一头扎进花朵里就能吃到花蜜大餐！不过你要晚上来找我们，不然很难看到我们的吃相。

蝙蝠在全世界有1000种左右，中国就有120多种。蝙蝠是哺乳动物中唯一可以真正飞行的类群，有些以昆虫为食，有些以果实、花蜜为食。我们犬蝠不同于拥有超声波回声定位的蝙蝠，它们能吃飞行中的虫子，而我们主要依靠视力取食果实和花蜜。

听说你们会偷吃果园的荔枝、龙眼、香蕉、芒果等水果，这可是要被果农嫌弃的。

这是小错嘛。你要知道，有些植物的种子经过我们的消化道排出后更容易生根发芽。我们能帮助植物传粉和传播种子，这样看我们也是维系自然生态系统健康发展的小功臣呢！

懂了，活在这个世界上的物种，都有它不可缺少的作用和地位，对吧？

你说得没错！

对了，你们天天倒挂着，怎么上厕所啊？会不会尿到自己身上？

哈哈，我们在上厕所时会头朝上正挂着，当然不会尿在身上啦！

你们传播病毒不？

这个锅我们不背！对我们蝙蝠来说，这些微生物既没病也不毒，我们并没有因此生病啊。你们人类只要不直接接触我们，怎么会生病呢？

那就是说，我们冤枉你们了？

真实情况就是，我们身上的病毒——就按你们的说法叫病毒好了——可能先传给一种中间宿主的动物，因而发生变异，又被人类接触到……

懂了！大家不用谈"蝠"色变了。

距离产生美，只要和我们保持适当的距离，互不打扰，我们就能相安无事。

镜子哥，来深圳看蝙蝠真是长学问了。

哈哈，一年四季它们都在，只要有蒲葵树。

葛增明／撰文

领角鸮

阿问，再带你去个好地方！

哪里？

台北！

太好了，看什么？

看"木头鸟"！

黑冠鳽

台北"鸟市民"

这里是台北植物园，12月的气温很舒服。

好多鸟哦，可你说的"木头鸟"在哪里？

是啊，我们兜了一圈又一圈，那只五色鸟在一棵树上站了一个小时，小弯嘴在姜科植物园附近来回回玩了很久，木栈道旁边站着领角鸮一家子……怎么就是找不到黑冠鳽（jiān）？

黑冠鳽就是"木头鸟"？

对，在台湾叫黑冠麻鹭，人们说台北市区满大街都能见到……

黑冠鳽

那你应该告诉我是找黑冠麻鹭，不然人家听你说找黑冠鸦，嘿嘿，就是找不出来！

看那个扛着长焦相机的，我去问问。

"今天你见到黑冠麻鹭了吗？"

"黑冠麻鹭天天都在啊，那个木头鸟，有什么好看的呢！"

哈哈，台北人谁没见过黑冠麻鹭呀。大陆观鸟人这样问，都被台湾观鸟人嘲笑了呢！

这就是地域之别嘛，台湾观鸟人到南京找黑脸噪鹛，也一样被我们嘲笑，哈哈。

黑冠鸦分布在中国南方，广西、广东、海南、台湾都有，因为它们是夜行性动物，性格也很羞怯，所以不容易见到，但在台北是个例外……

镜子哥，那边有一只浑身褐色、头上有一撮蓝黑色饰羽的大鸟，正在林子下面专心致志地寻觅食物……

我看看，哈哈，它低着头，抬起一只脚，再放下一只脚，像电影里的慢镜头。它就是黑冠鸦啊！咱们踮起脚尖悄悄跟着它，别把它吓跑了。

它嘴边满是泥巴，应该是挖蚯蚓时不小心沾上去的吧？

它吃蚯蚓、蛙、蜥蜴这些小动物。

呀，它突然不动了！

我们也蹲下来不动，就像小时候玩过的，"我们都是木头人，不许说话不许动"那个游戏。

它以为它不动，我们就看不到它了吗？

才不是，它根本就不在乎我们在看它。看它抖抖腿，跺跺脚，其实是在吓唬土里的昆虫、小蛙，想把它们震出来。

真聪明！

终于见识过"木头鸟"了，我们去台北市区的永康街吃饭吧。

呀，那边街头的树下也有一只黑冠鹛！它居然站在人来人往的地方，这种感觉真的很棒！

是啊，如果人类不伤害它们，它们也能感受到我们的友好！

为什么台湾的黑冠鹛不怕人呢？

具体的原因我们也只能猜测，可能它们在城市里找到了能和人类共处的方式吧。2018年11月的《台北画刊》上，黑冠鹛被称为"台北鸟市民"。其实在台湾，黑冠鹛也曾是稀罕的鸟，一直住在低海拔的森林里。2003年，台湾大学的蔡平里教授首次在校园里发现了黑冠鹛。后来大家陆续发现，在台北市区的公园、校园，甚至热闹的永康街都能见到黑冠鹃。住在市区的黑冠鹃完全不怕人了，数量还不少，而生活在山里的却依然保持着夜行和怕人的习性，这引起了台北鸟类研究人员的兴趣。

黑冠鹃在台北成为了"鸟市民"，这个例子能在更多的地方推广吗？每个城市都应该有更多的"鸟市民"！

有啊有啊，南京的白头鹎不就是吗？北京的灰喜鹊不也是吗？大陆也会有越来越多的"鸟市民"的！

袁屏／撰文